哪里不一样

U0177459

请你找一找，上下两幅图有哪些不一样的地方，然后用笔圈出来吧。

小辉在哪里

杂技团的团员正在为晚上的节目表演做准备，小辉也在努力练习，你知道他在哪里吗？

找骨头

这件恐龙标本缺了 6 块骨头，这 6 块骨头该放在哪里呢？请在□中写上对应的编号吧！

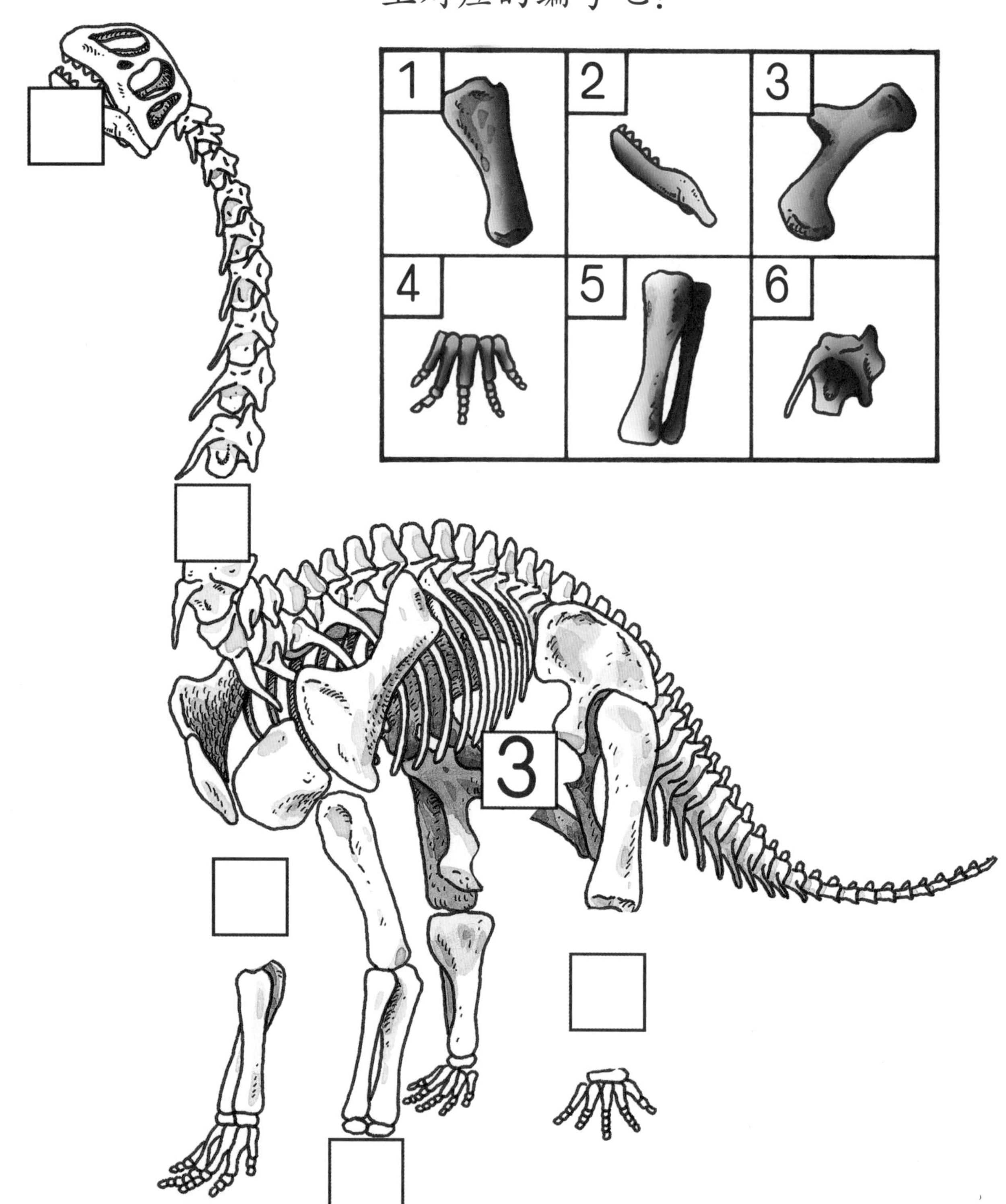

准备出去玩

老鼠妹妹已经准备好去海边玩要带的东西了，可是老鼠哥哥还不知道自己该带什么东西，请你参考老鼠妹妹，帮老鼠哥哥圈出该带的东西。

团圆照

除夕夜，小熊一家人大团圆，拍了两张照片。这两张照片有什么地方不一样呢？请在右图中把不同的地方圈出来。

蔬菜水果

妈妈叫平平到商店买蔬菜水果，下列食物中，哪些是蔬菜水果呢？请在蔬菜的框格里打√，在水果的框格里画○。

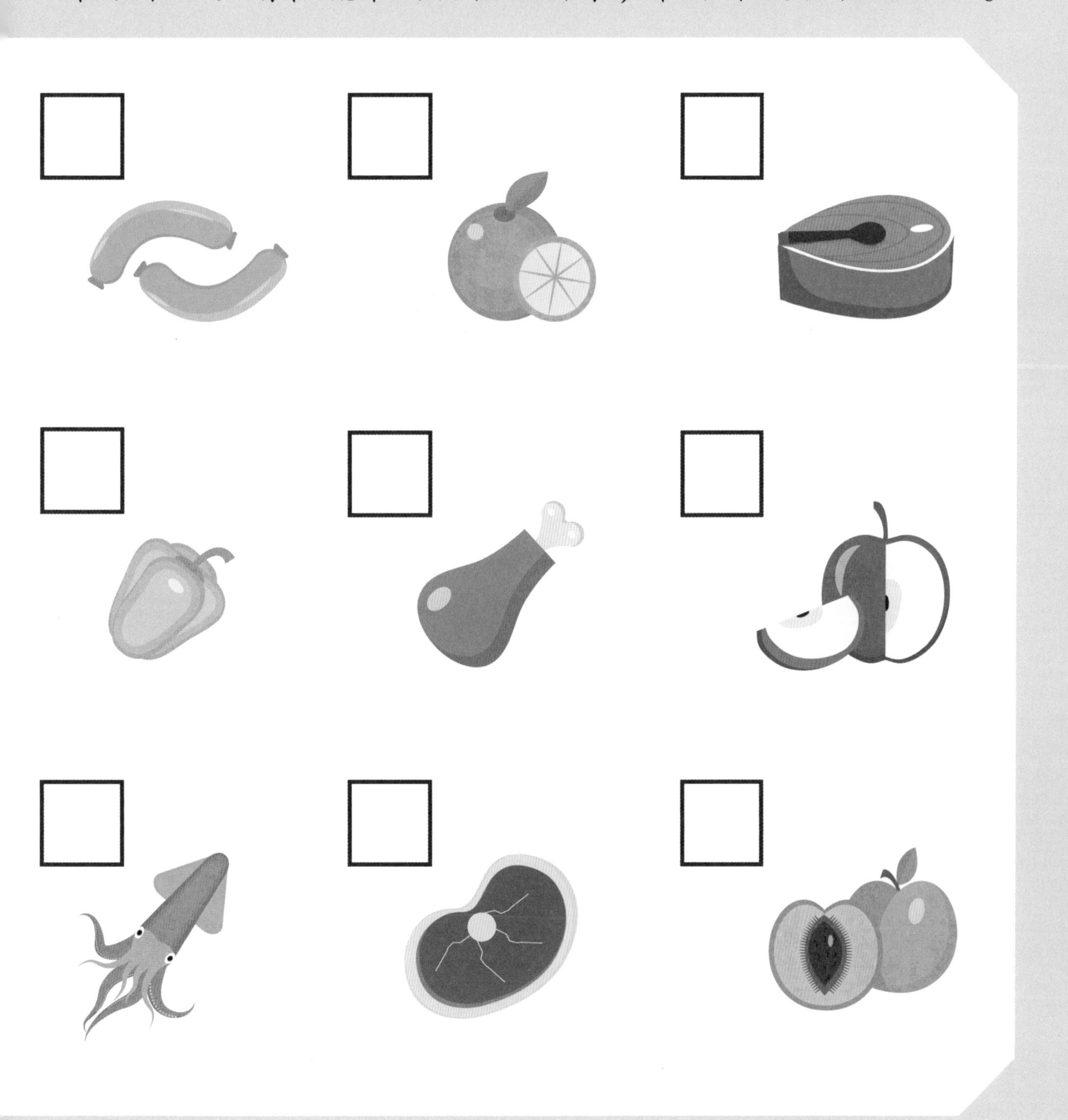

拼拼看

左边的图是由右边的哪两幅图拼成的？请在（　）里打✓。

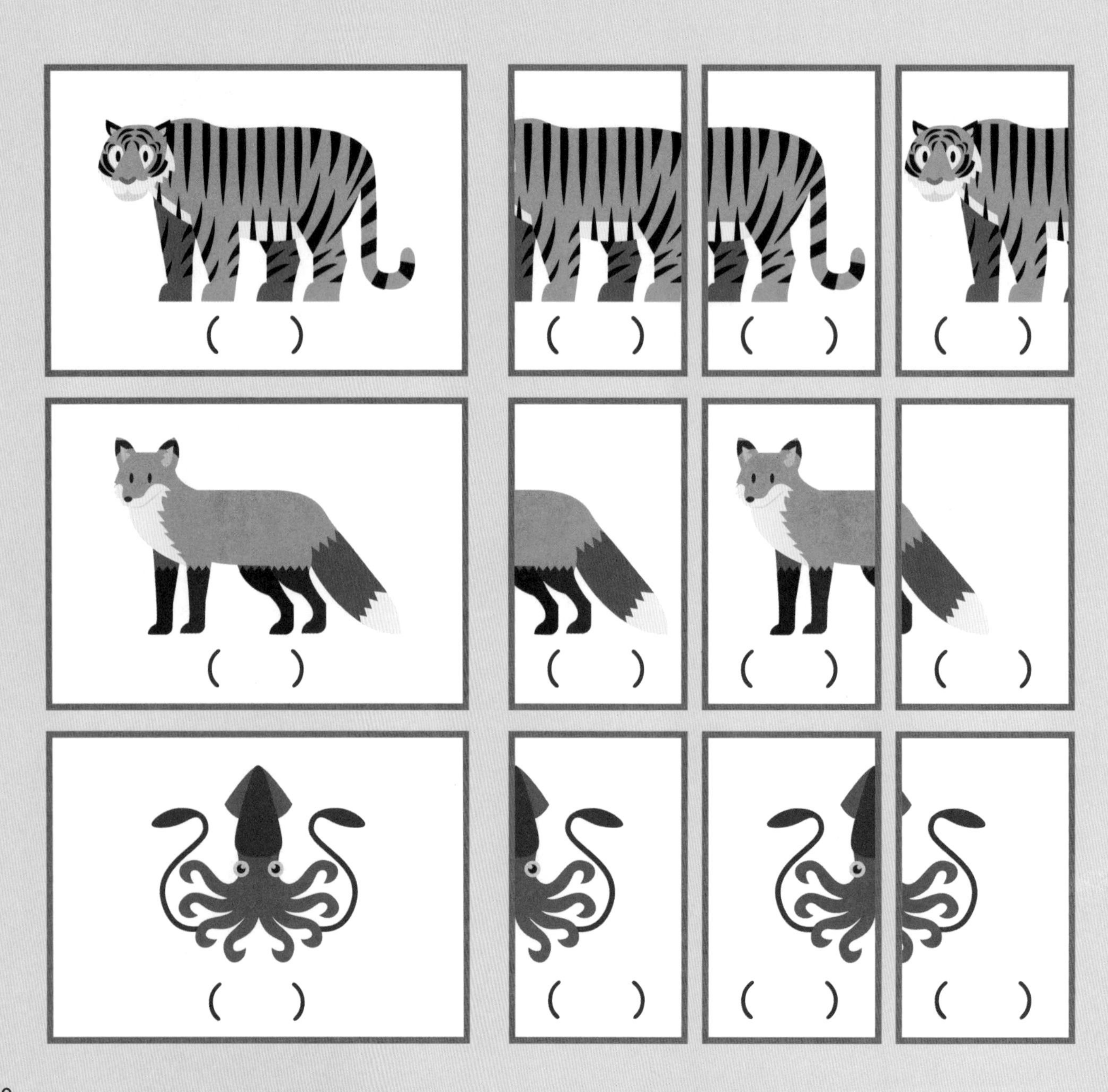

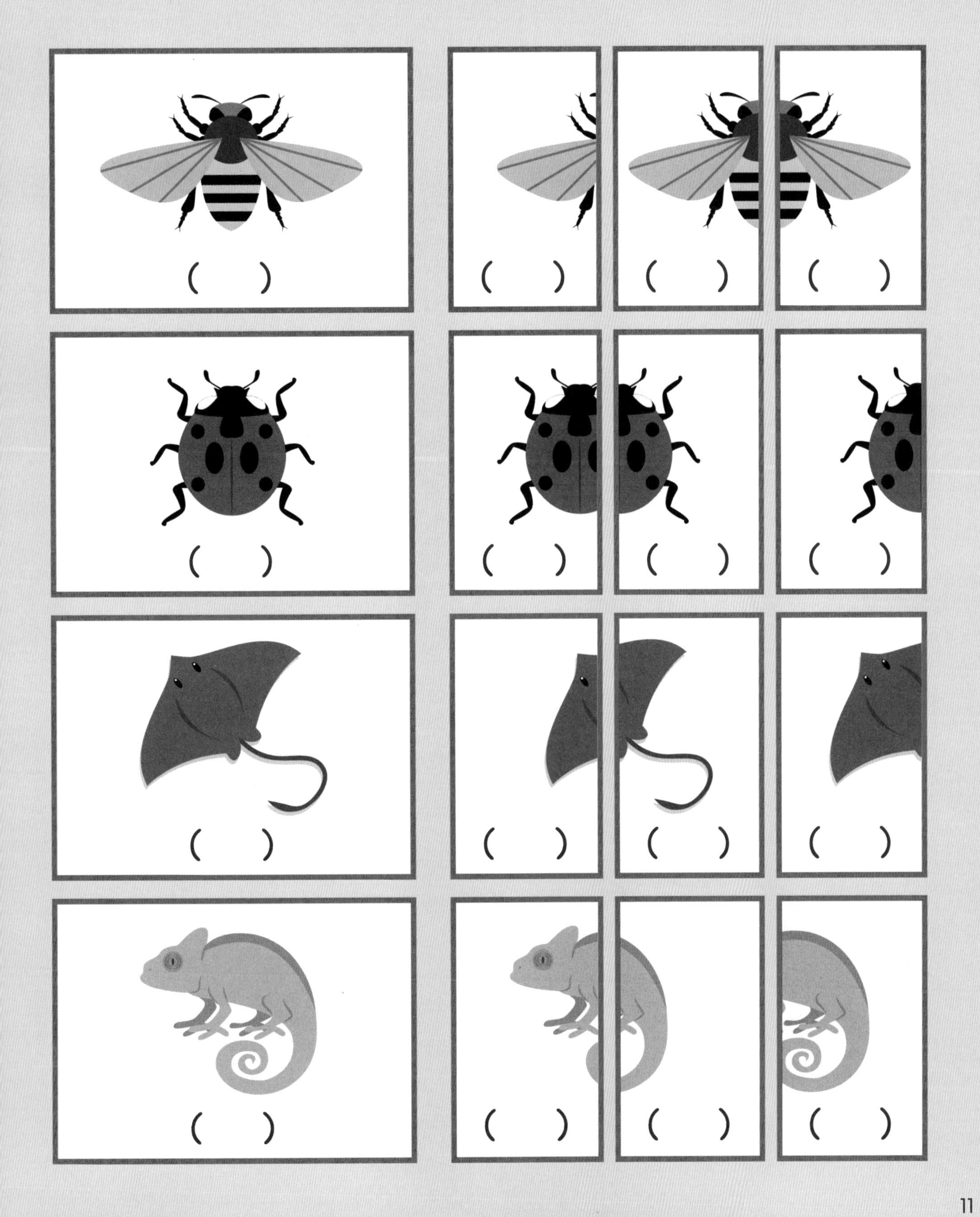

水果
福

春节到，舞龙舞狮真热闹。请看看下面的图，将围着红头巾的人圈起来，并数一数有几个。

哪里不一样

左右两幅图有哪些地方不一样？请找一找，并在右图中圈出来。

农场的蔬果

左右两幅图共有 9 个地方不一样，你知道在哪里吗？请找一找并圈起来。

圣诞节到了

圣诞节到了，明明和朋友一起过圣诞节。请问、、、在哪里呢？请圈出来。

小熊的房间

左右两幅图是小熊的房间，请找找看，这两幅图有什么地方不一样，并圈起来。

小熊的恐龙玩具

小熊和其他小朋友抱着恐龙玩具一起玩，其中有5个小朋友的恐龙玩具跟小熊的完全一样，你找到了吗？请将它们圈出来。

明明在哪里

明明到滑雪场滑雪，请问明明在哪里呢？请找找看，并把他圈出来。

明明

动物在哪里

动物们合拍了 1 张照片，请看一看下面的照片，指出每只动物在照片上的什么地方。

小帮手

每样东西都要放回原来的柜子，下面这些东西应该放回哪个柜子呢？请来帮忙连一连吧。

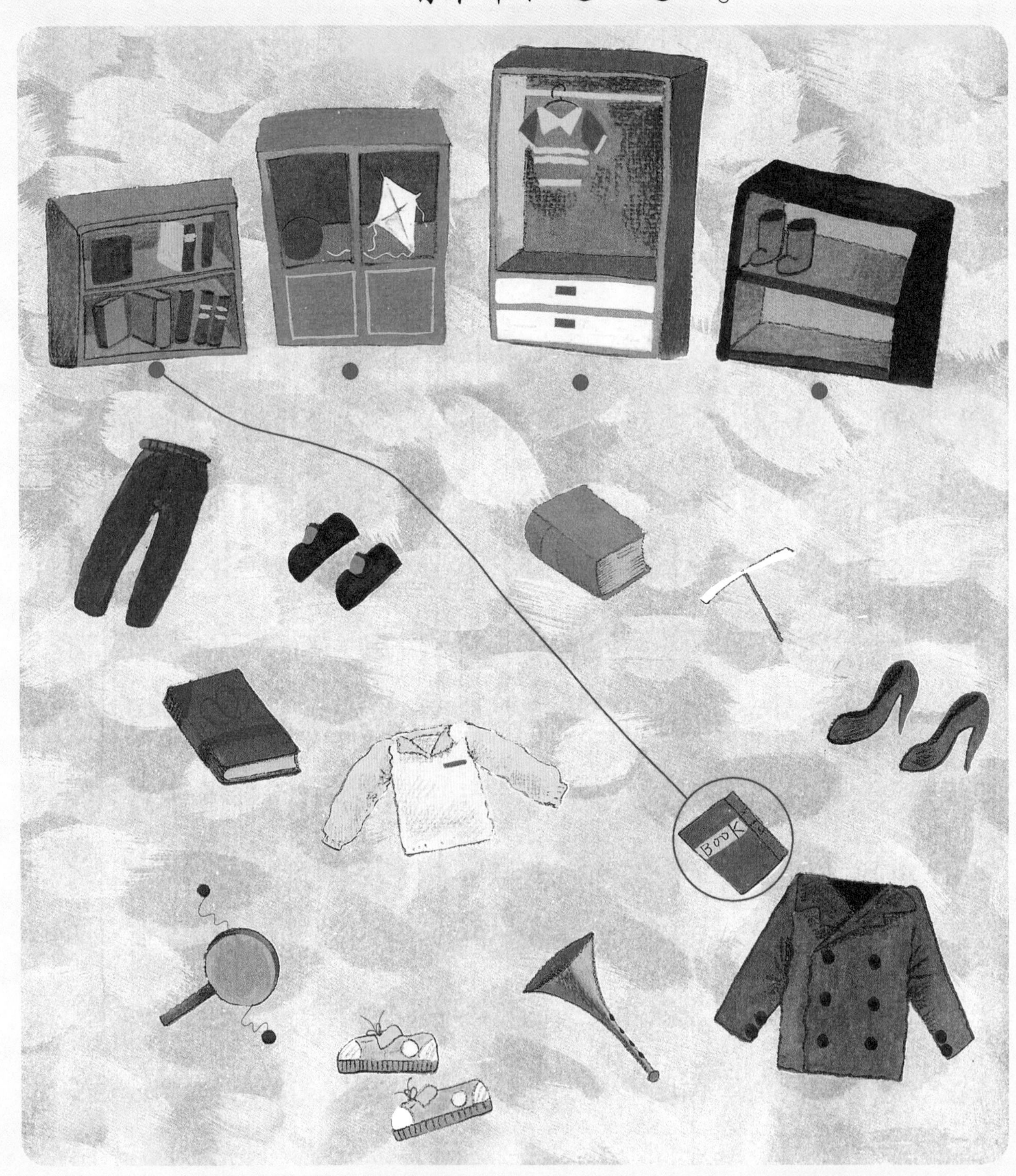

哪里不一样

这两组图中各有1幅图和其他的图不一样，你知道是哪幅图吗？请圈出来。

1

2

宝宝在哪里

左边的动物妈妈正在找右边的动物宝宝，请你仔细观察，将对应的妈妈和宝宝连在一起吧。

小莉在哪里

小莉在幼儿园里玩得好开心！

你知道她在哪里吗？

请把她找出来。

国王的新衣

国王做了件新衣，衣服是长袖的，有圆斑点的花纹，袖子口有毛毛的滚边装饰，领子是V字形，在胸口上有国王的徽章。你知道哪件衣服是国王的新衣吗？请圈出来。

小矮人在哪里

公主要找个名叫“开心果”的小矮人，可是小矮人实在太多了，你能帮她找找看吗？

开心果

哪里不一样

请对比左右两边的图片，看看小动物们的身上都分别少了什么东西吧！

棒棒糖在哪里

这个大柜子里藏了 10 根棒棒糖，请把它们找出来。

圣诞派对

圣诞派对好热闹啊！小朋友，请找找、、、在哪里吧！

双胞胎
穿着相同衣服的双胞胎姐妹小琪和小美走失了，你能帮忙找到她们吗？

谁与谁相关

想想看，冰激凌、鞋带、钥匙、彩铅笔要和什么配在一起才恰当呢？请找出与它们配对的东西，在相应的□中涂上相同的颜色。

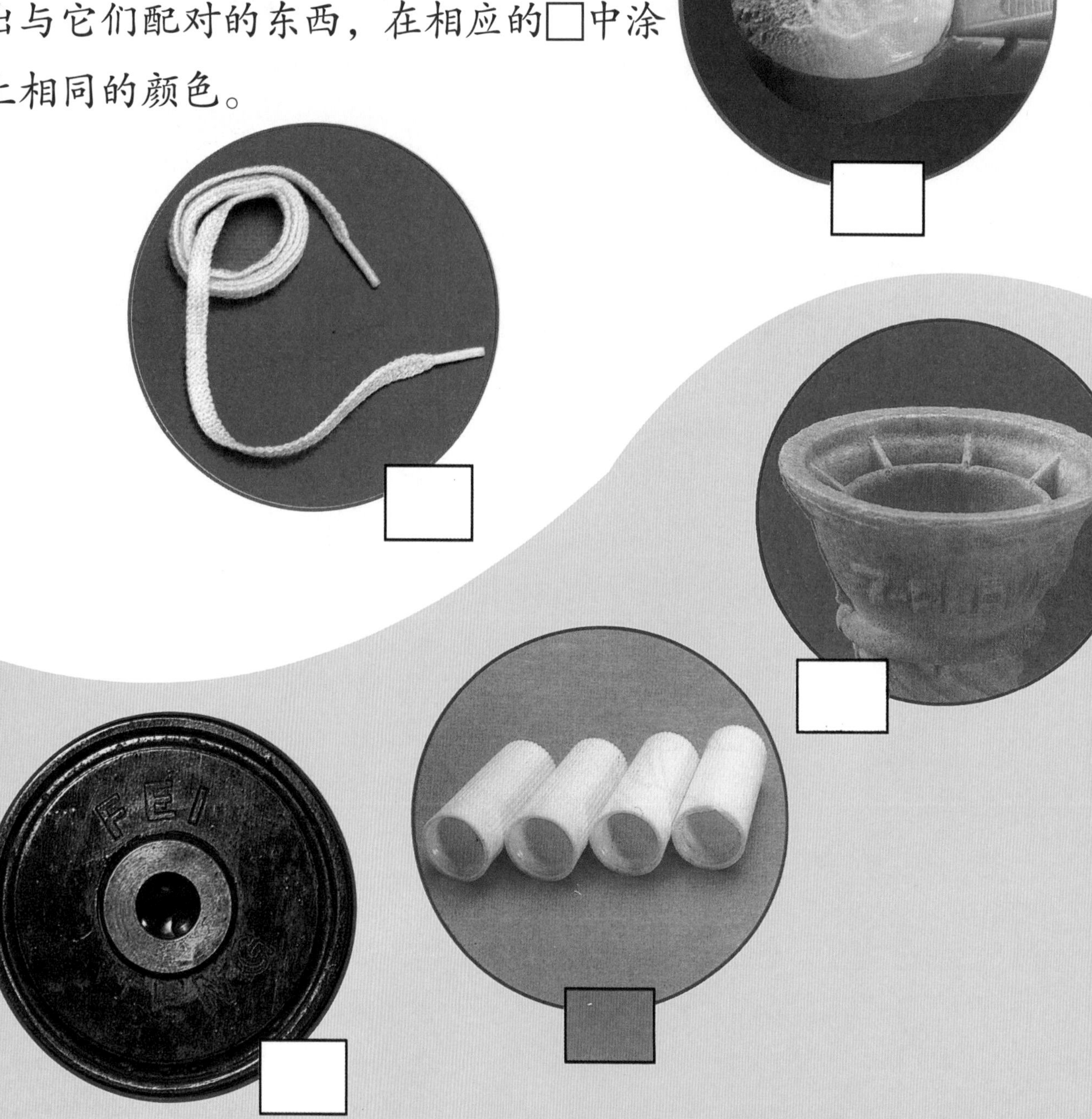

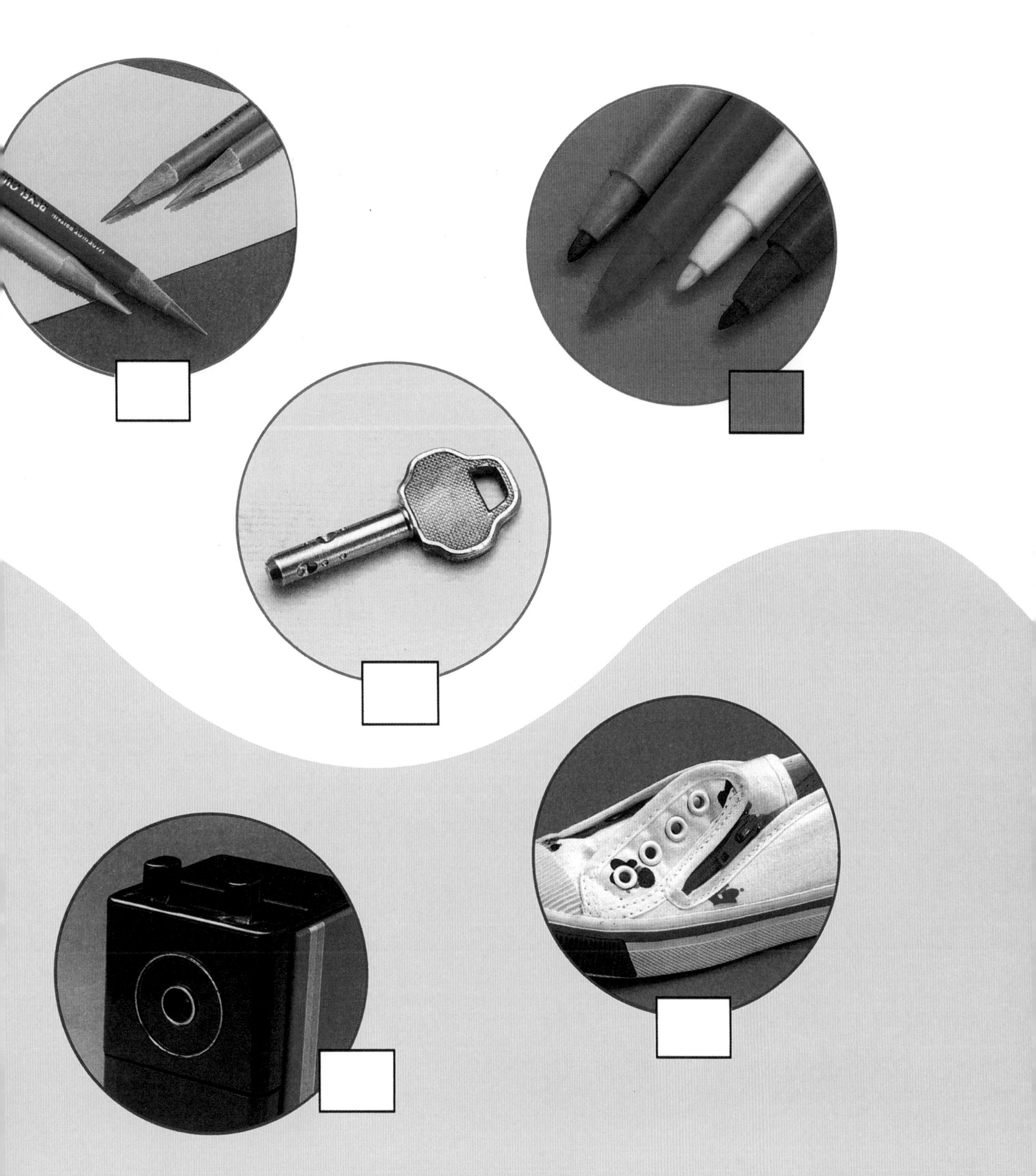

电器产品

下图中有很多电器产品，请问电饭锅、热水瓶、果汁机和电冰箱在哪里？请圈出来。